Puzzle #1
EASY

1	8		5		9			
7	4				8	6		
	9				2	8	1	
9	5			2			8	
					7		4	3
8	7		6		4			1
6				4		5	7	8
	1			8		4	3	
		8						

Puzzle #2
EASY

2	8	3		5		9	1	
	7				3			
				8			6	2
	6			1		7	3	5
1			3			2	9	
		2	5	4	7			
7			6		2		4	3
		9			4	5	7	
				7	5	1		

Puzzle #3
EASY

	2				1	8	5	7
6		7	3			1		
	9							4
	4	9	1		2			
	6	2					5	8
7				3				9
8		4		2	3			5
9		6	8			7		
2		5	6			4		3

Puzzle #4
EASY

			9			3		
		4	3	5	2	7	6	
3					6	4	1	5
	2		7		4			
7	1	3		6		5	9	4
		9			5			
			5	2				3
4	7	5		1	3	9		8
								7

Puzzle #5
EASY

				8			3	
	7			4				
8	2		5			1	6	
9	8			3	6	2		
	1						3	
3		4	1	2	7	8		
7		9	3					2
	4	8		9	2			3
1		2	8	6				7

Puzzle #6
EASY

4		7				6	3	5
3	6		4			8		
			3	9				
			5				8	
	4			6	7			9
7	5		2					
1		6	9	8			7	3
8	3		7	5	2	9		1
		5		3	1			

Puzzle #7

EASY

					7		4	6
	9	4		5	3	1		7
8	3		1	6				
	2	8	6					3
		6		1	9	4		8
		1			8			9
		3				6		1
		5				9		
	1		4		6			2

Puzzle #8
EASY

	2	5		1			8	
						4		
			7		6			9
			4		8	5	7	
	4			9	3		6	
2		1		7	5	9	4	3
		8				6	3	
4			9	6		8	5	
7			8		2		9	

Puzzle #9
EASY

6	4	7	1			9		2
	2	3		4		6	7	
	9		6		7		4	
	7	4	9		5	3	6	
9					4	2		5
					8			4
5		9			6			
		6			2	4		
			7		1		8	6

Puzzle #10
EASY

9							1	3
	3				4	2		
8			3	6	9		5	
	6				7	1		2
				3			9	6
2	9	1			5		8	
	4	8			3	5		
3		5	4					
	7	9	5	8				6

Puzzle #11

EASY

3	1	2				4	5	
6	9		4	3			7	
	7	8					6	
	5				4	3	1	8
1						5	9	
8		3		1	9	7		
9	8		7				3	2
2		7	1		3	9		
		4			6			

Puzzle #12
EASY

		1		7		3		
	2	6		1		8	4	
8	9						2	
			3		2			4
		8			7	6		
	5	2	6		1			
	6		7	2			3	8
2	7	9	8					
	8	4		5			9	7

Puzzle #13

EASY

3	8	9	7					
			9		6	8	3	7
1		6		4				
8		7	3			4	6	5
9					5	2		3
	3			2				8
	5					3	4	
	1		5		8			9
2				7		5		

Puzzle #14

EASY

3					1		8	
1			9	6				5
	4	5			3			
7	9	2	1				5	
4		6				1	9	2
			2		4	6		3
		3			8	7		9
	2			1				8
		4	7	2		5		1

Puzzle #15
EASY

1	2	4			3			6
	7			1		2		3
	3	6	8				4	7
	4				8			9
			1	4	7	6		8
6		1		9				
8	5	9		6		7	3	
	1		3					2
2				7			8	

Puzzle #16
EASY

4				5		8	9	
7			4	2		6		3
	5		9		8			
					4		7	6
9			6				2	
	4	5		3	7			9
	6	4	7		2	9		
	2		5					8
	3			6		4	1	

Puzzle #17
EASY

	3	6		8	2			5
	5			1		9		2
4		9	3					
6			4	9		8		
	8					7	4	
9		5		7				3
		3	7	2	6		9	
2	9				1	3	8	
		4	8			1		

Puzzle #18
EASY

8	9	3	5	1				
		6		9		7	5	
1		7		4	2	3		
		2		8			1	5
			2		9			
			1	5		4		3
7	3	1				2		4
2		9						6
6	4		8				7	

Puzzle #19
EASY

		5				3	4	1
	3	7		5		6		
		1	9		2			
1	8					4		3
5					3		8	9
3		9			8	2		
	6			8				4
	1	2		6	9	8		5
	5	8	3	2		9		

Puzzle #20
EASY

7	2			3			9	6
6	9	1	7	2		4		
		4			6			
			1	7		3	6	
	5					1	2	8
1					2			5
5				1	9	6	4	
9	6			4		5		
			6	5	3	7	8	9

Puzzle #21
EASY

		2					5	4
4	8			6		1		
	9	5		1	4	6	2	
			6			8		
					7		3	
				3		9	6	5
5	1	6	7			4		
2		9	1		6		8	
3		8	5	2		7		

Puzzle #22
EASY

				5				4
6	4	5						
3			2	7				9
	8		5	3	7	4		
4	9	7	8				3	5
		6	4				8	1
	6			4		9	5	7
	2	1				6		
9			7				2	8

Puzzle #23
EASY

	3		9	5	6	7	2	
6	5					3		4
7		2		3	1		9	
	6	5						
	4	1	7		5			6
			6			5		2
9		8	1					3
	1	6			7			9
			5	9	8			7

Puzzle #24

EASY

4	7		6		5	2		
9		6			7	3		1
8	2	5			1	9		
	4		2				1	6
6			4	8	3			
			3	4	2		7	8
	1			7	6			3
	3		1			2		

Puzzle #25
EASY

	9					5		
	5			9		2	4	6
	6		5	3	2	1	9	7
3		9		1			2	
		1	8	4			7	
	8		9					
		2	3	5	9	6		
9	3		4			7	5	
		4			6			8

Puzzle #26

EASY

	8							9
	2					4		6
	7	9		3	6		1	
	1	7		5			8	
	4		7		9		5	
2			6				9	
1		4	5	6		8		
8	3			9	7	1		5
	6		8	1				3

Puzzle #27

EASY

9	4	2		8				
8		5		2			4	3
	6	1		9				7
					9		7	
	2		8		1		5	9
	3		6		2		1	
	9			6		1		
2		4				7		
1		6			3		9	5

Puzzle #28

EASY

		2			3			
		1	4				8	2
7	9	6				5		
	5	9	3					8
				8	9	2	5	6
				6			4	9
	7	4				1	6	5
2		8	5	1	7			3
3						8		7

Puzzle #29

EASY

	1	8		6				
9	4	2	7			8	6	
		6				7		
		3	8	1	4			
1		7	6	2			5	
	8			5			3	2
							8	4
		1		8	5	6	9	
	7	5		9			2	1

Puzzle #30
EASY

		5		4				7
	8	9			7	3		
	6	1	2	3		4		5
				9	3			
			4			2		
9			7		5		6	1
	4	3			8	1		2
	5	8		6			9	
1		7			2	6		

Puzzle #31
EASY

		4		7	8	3	9	
	6					5		8
			6	4	5		7	
2			3	8				
4	9		7		1	2		
		7			2	6		
		2	9	1				7
9	3					4		
1		8		5		9		

Puzzle #32

EASY

			9	3	1			2
1	2	7			4	3		
				2		5		8
			5		8			3
	8	5		6		2		1
		4	2	1	7	6	8	
5				7				
8						1	2	
4	1		6	8				

Puzzle #33
EASY

7			9	5	2	1		
				1		3		2	7
2		1		7			5	6
9				1				
1	7		5	4				2
6						8	7	
			2	9	6		3	
	2		4			5		
4		6		3		2	1	

Puzzle #34

EASY

	5	2	8			1	9	
7	4				3			6
		1		5				
4				6			8	1
5	8		3	2		4		9
	1	3		8	4			5
					6		3	8
			1			9		
8			4	3		7		

Puzzle #35

EASY

	1	5	6					
	4		3	5	2		1	
6	8		1		9	5	2	
		2	8			6		
				1	7	3		2
3			5		6		8	4
5		8		6	3	2		
9		6		8		4	3	

Puzzle #36
EASY

9	4			7				
	2	5		3	4	8	7	
			5		2		1	9
2					7	9		
				2	1	3		
	5	6	4	9				1
7			2	6			5	
			8					
8		9	7	1		2		3

Puzzle #37
EASY

2	9		7	6		8		
8				1			9	4
3	4		5	9			2	
1	5		3					
9			8			4	5	
6				5	2			1
		8			7			
7	3		6		5	1	4	2
	1					7		

Puzzle #38

EASY

	5	6	2			8		
			8		5		4	9
			7			1		
9	8		6		7		1	3
	6		1	2	4		9	
5		2			3			4
6	9	5	3	7		4	8	
3					2			1
	7							6

Puzzle #39

EASY

							2	1
	7		8	2		5		6
			6	5	1		7	
4	1			6				
	8		4	7	2		3	
		7		8		4	6	5
6			2		5		4	7
7	5	4		1				9
		2				6		

Puzzle #40
EASY

		2	9		6			
	9	4		1			2	
	6				2	3		9
	8		5		1			7
		1		9	7		8	3
9		5	2		3	6	4	
	5	6	8	3				
				6				8
3		8	7		4			

Puzzle #41

EASY

		9			7	4		5
	8	1	3		4			
				9	6	1		
		5	4			9	7	8
1	6		8	2		5		
		8			5	2		1
4	1				8			
	7	3	9					
8	9			4			1	2

Puzzle #42

EASY

4			7	5		8		
	1		3				7	4
	3				6	1		9
1				6				
		5		8	3		9	1
	9	4	5	1	7			
	5	2	8	7		3		
		1	6					
6		7	1		9	4		

Puzzle #43

EASY

	7		5			6		4
	4	9	6	3		7		
		8			1	5	9	3
8						1		2
7							4	5
	1			7		3		8
2		1						
9	5		1		6		3	
	6	7	2					9

Puzzle #44

EASY

		3						2
8			5	6				7
2				3	1		5	8
		7			6		9	1
	2		8	5				4
5		9						6
	7	8		1				
6	4	2	9			7		
	1			7		6	8	3

Puzzle #45

EASY

				9		7		
5		6	4	8		1	3	
8	7			1		4		9
		8			9	5	7	
	4		7		8		2	1
1			6	5	4		9	
							4	3
	1	3		4	2			
		4	3	7				6

Puzzle #46
EASY

6		7	4	3			8	
3	4	1			6	7		5
		5	7				4	6
2	6							3
	7				2	8	6	
			3				4	5
			6		1	9	3	
			8	2				
7	1		9	5			2	

Puzzle #47

EASY

2		3	6				8	5
	4		5	2				7
8					7		1	2
	9							3
	2		8			1		9
3	1	5		7	2			8
		7	3			5		
		9		1			3	
4		2	7	6	5		9	

Puzzle #48
EASY

3	2		1					
9					6	5		
	6		8	9	2			
	7	6		3			9	5
5			2	8		4		1
4			9					2
	3					2		7
1			7		3	9		
8	4			2		1	5	

Puzzle #49

EASY

7			3	2				8
2		1		8	6		4	9
5	4			1		6		3
	8				3		6	
		5	6			9		1
		4			2		3	5
		7	2			4		6
	1		8	6	5			7
				7	1		8	

Puzzle #50

EASY

9			4	7	1	3		
3							6	1
		1				8	7	
	3		6	2		5		9
	7				8		1	
	9						8	
7				4		1		
	5	4		1		7		6
8	1		7	6	5	4	9	2

Puzzle #51
EASY

8				5	1	7		
4		6	2	9	7	8		5
1						9		2
9	1		7				5	
2		3	8			1		
	5			3	9			8
5								
	4	9		2			7	
3		7	5		6		4	

Puzzle #52

EASY

5	7	2				8		1
			5	2				4
		9		1		5		7
				9	5	1		3
		3	8				4	2
1		6	4		3	9		
			1		9		8	
4	9						1	
8				5		2	7	

Puzzle #53
EASY

	4		7	6	8	1		5
9				5			2	
		5				4	6	8
	2	1	9	3			5	
	6	7	4				3	2
3					2		8	1
				1		8		
	7		6		9			
1	3	9	8		5			

Puzzle #54
EASY

				6		4	8	
	1	4					2	
	6		3	8		5		
5	8	3	4					1
	4					8	6	
	7	2			5		3	
3	5	7	1	4		6		
		6	9	5				8
4					7			3

Puzzle #55
EASY

			6		9	3		1
	9		1				4	
6	5					9		8
	1			9			8	2
						1	7	4
	2	5	4					
5	3	9		4				7
2	8		5	3				9
		4	9	6	2	8	3	5

Puzzle #56

EASY

	8				2			
				8		2		1
		5		6			8	
	3			9	4			8
6		8		1	3			5
9	2		8		6	1		7
8			3	7		5		6
7	5				8		9	4
						8		2

Puzzle #57
EASY

	4	2	5			7		
1	3	7	6		8			
9					1	6		
2	5		9		3	4		
3				8	7			
			4	6			2	3
		8			6	5	4	
		9	8				7	
	2		1		4			6

Puzzle #58
EASY

3		4			2	6	9	8
8		6	1			3	5	
7		5	3					
9			8	7			2	
	8						9	4
		2			5		8	6
	5			9		8	7	
	7			3				9
		9			7			5

Puzzle #59

EASY

2		1		9	3			
8	6	5		7	1		2	
3						1	5	
				3		2	9	
				2		5		8
5	2		9		8	7	4	
	3			6				
1	5	9	3	4				7
	7					4		2

Puzzle #60

EASY

2		3	6			8		
	9			3			6	
	8			2	4	9		
6	1	9			3			8
			9		7	1		6
4		8					5	
	3			5		6		2
		7			2			
	5	2	3			4	9	1

Puzzle #61
EASY

5				7				
			9	4		1	5	
	4					8		7
		8	2	3	6	5		
		5	4					6
1	6						7	
9	8		5	6	3		4	
6		3			4			
4	2	1	7					5

Puzzle #62

EASY

8	5		7	6				4
6	9				1			
	2	4	9				8	
	1	9			8	3	6	2
		7	6		3			9
5	3			9				
	4	2			7	6		5
9				2			1	
1			4		9		2	

Puzzle #63
EASY

4		7					2	1	
			5	7	1		4	
	9	3		8	2			5
	1		8		7		6	2
8	6						9	
	4		9				3	1
	2	1	6	5				
5		4	1					6
	3			2		1		4

Puzzle #64
EASY

3	4	9					1	2
2	5			4			9	
8	1	6	5			7		
5	6		1				8	
9		8		5		4		
	2	4	8		9	3		6
		2		1		8		3
7						2		
4				8				

Puzzle #65

EASY

	2	1	9			7	6	
8							4	9
3	4			8				
2	6				9	8		
4				7				6
	5		1		4			7
		4		3				1
1	3	2	7			4	8	
6				1	2	9	7	

Puzzle #66
EASY

9	5			8	1	2		4
8			9				5	
		2	4	7			3	
		9	8		4		1	
2	6		7	9	3	4		5
3			1	5	2			
	3			4			9	6
	2			3			4	7
			6					

Puzzle #67
EASY

7	2	1			9	4	8	
3	5	8	1	2				
	6				5		1	
	4		7		1			
	1			4	2			7
			6				5	
			4	9		2	7	
9			2				6	8
6		2	5	3				

Puzzle #68

EASY

5	7	1		6	2	4	8	3
	8	9			1		2	
			7	5	8	9		
	2				6			5
		5	2	7				
9	3	4						6
8	5						1	4
3			5				9	
4				2		3		

Puzzle #69

EASY

	3		8	9		5		1
4				7		2		
2		9	6	1				
		1	4		8			9
	8				1	6	7	
3		4			7	8	1	5
	2	3			5		6	
1	4		3	8	6			
	6							7

Puzzle #70
EASY

4		9	2				6	
	8				9			
			4	5	7			
9	2	5					4	7
7	1			4	5			
6				2				
	4	2	1		3			5
5		1	6				2	
		6	5		2		9	1

Puzzle #71

EASY

	4		1	6	9			8
8	2				5		6	1
7			4	2				
9	5				4			2
4			2	9			7	
		6	7			8		
		4	9	8				
1		2	5				4	
		3				2	8	7

Puzzle #72
EASY

	7			3		9		4
		3		7		8		
5			9	2		7		1
				5	3		8	
4					7	5	1	
	5						2	
2		7		4	1		9	
6	1	4		9	5			8
	3		7		2			

Puzzle #73

EASY

3	9			7				2
	7							
6				1	3			8
	3	7	9		8	5	4	
4		5	1	3	6	8	7	
8				5		2	1	3
	4		3		7	9		
	1			9			4	3
				4				

Puzzle #74
EASY

		6			2	8		5
	5	4				1		
1	9	2	5				3	
		3	6	5				
4			2	7	1		6	3
	7		4		3	5		
	4	8	9	6				7
5				2	7		4	
2			8			3		

Puzzle #75
EASY

						8	6	4
		2	6				7	
				9	7	5		
8	3		2				4	
		6			3			
	1	7	4		6		9	5
1		8	3		4	7	5	6
	5					9		2
	2	3	5		9			1

Puzzle #76

EASY

		7				3	8	1
4		1		9		2		5
	6		3		1		9	4
	4	2		7			1	3
		3	2	4		5	7	
		6	8	1				
						1		
5		9				6		
		8	6	5	2			7

Puzzle #77

EASY

9			5			1	4	
	7	1	8					
	6	4	1			8	5	2
8	9						7	1
2				7		4		
	4			8	1	5		3
		8			6			
7				1				9
	3	9		2	5			4

Puzzle #78
EASY

8	1				5	9	6	
	9		1			8		2
		2						
			7	3			5	1
			6	4			3	8
2						4	9	
6	7		4		3		2	5
	2	8	9	7			4	
1	4		2				8	

Puzzle #79

EASY

		3		5	2			
					9		8	
9	7	6			4			
3	4			6				
			8	2			9	4
1		8	4		3		6	7
7				3	5	6	2	1
6						7	3	5
	3	5	7			9		8

Puzzle #80
EASY

6	3		8		7		2	9
	7		1	4	6		3	
				9	2	6		
	6			3				
				2	4			
7		9	5			4	6	3
1		6				3		
	9	5	4				8	6
3			2		8	9	5	

Puzzle #81
EASY

	2			4		8	5	
			3	6	5			1
6	1		2		9			7
	8	4	6		2	5		
1	5				4			8
	6				8	9	2	
			1	9		3	8	
8		6		5				
5				2	7			

Puzzle #82

EASY

	7			1		9		
2				3	7			
6		9						8
1	9	3	8			7	2	5
4	6	2	5		3		9	1
		7		2			6	
			7	8		4		3
7	1				6		8	
					1			

Puzzle #83

EASY

		8						1
	1	3	2				4	5
					3		7	9
5				8	1	6		3
					2	4	8	7
	8	7			9		1	
6			9	5			2	
	2	9			7	1		
7		4		2		9		6

Puzzle #84
EASY

								6
		6	4		5	1	9	
	1	8						
1	4							5
7	8			1		6	2	3
	2		3	9	8			
3		4		5	7		1	2
5		2		8	3			
8			2		4		3	

Puzzle #85
EASY

3	9	7		2			4	
	2				6			
	5	4	1	3	9	7		8
2		6			4			
							6	2
4	7	8				1		3
1			9		3	5		6
		3	4				1	
5	6				7		3	

Puzzle #86

EASY

8	1		5	4		2		6
	2	9	7				4	
3		6				8	5	7
6	7			5	8			
		3		6				8
2			9					
4		8					1	
	6			3	4	9	8	
9			8		1			3

Puzzle #87
EASY

6		8					9	7
			3		8		2	6
			5				4	3
3	6	7		8		2		4
	8		4	6	3		9	
4	9	5			1		3	
		6	8		2			
8		2		4	7			
7		3	6					

Puzzle #88

EASY

3	9					1		8
	8		2			6		
	5	4	1		7			
5	7				6	2		
2	1	6				4		7
9	4	3		2	5			6
8				4	9			1
	3							
7	2		5				8	4

Puzzle #89
EASY

	8			3			2	
		9			2			6
5	3	2		8			1	
	6			5	9		8	
8		5	2	4		3		9
9		1	3	6				7
4			1		5			
		3	8	7			9	1
6	1			9				

Puzzle #90

EASY

9	1	5			6			7
			1	4	5			2
					3	6	1	
	9		8	6	7	1		
4			3		2	7	5	
7	8		4		1		9	
			7			2	4	
1	7	4			9		6	3
	2	9						

Puzzle #91
EASY

6	7		8	4				1
			1	3	6	9		
1			5			3	4	6
		1		5		6	9	
5		4		8			7	
	2					1		4
9		5			8		3	2
		7						
	4		7		2	8		5

Puzzle #92

EASY

	1	7				3		
				9	6		5	
2								7
		4		8			7	9
6	3	9	2	5		1		4
	8	1	9				3	
1		6	3	4				
8	9	3				4		
		2	5			9	6	3

Puzzle #93

EASY

		1		5	6		9	4
6			9	3			8	
9		4		2				5
	3		7		1	2		
		6	4		3			8
7		8	5			9		
1	5		2		8	6		
4		3					2	1
								7

Puzzle #94

EASY

7	4				6		5	8
5	3	6	1				9	7
		8						
		7	4		1		3	
6						5		
	1	5				7	4	
9				7	8			4
				4		3	1	
	6	3			2		7	

Puzzle #95

EASY

		5	6		7	8	2	9
	8	7	2					4
	6	2	5					
		9			6		4	
8					3		5	6
						9		7
1	9	6		2	8			5
7	2		3			4		
5		4	1	7				

Puzzle #96

EASY

	6		8	3	7	4		
		8	4	2	5	1	6	
				6		8	5	
		3						9
	4		6					8
6		9	2			5		
	1			9	6		4	
4	9			8				6
	3	6	5	7		9		

Puzzle #97
EASY

		7			5	4	3	8
	3		2		8			6
	4	8	7				1	
			3			2		
9				6	1			
			4				8	1
	5	4		7		9		
	2		8					5
3	6	1	9		2		7	4

Puzzle #98

EASY

	7	5		1			9	8
	1	8				6		4
2				8				7
5			1		2	4		
4	9	6						
			6				7	3
			5		9	8		
7	5	4			3	1		
9	8		4		1	7		

Puzzle #99

EASY

1	2		4	8		7		
8		7		9	3			
	4			1	6	3		
		6						7
7			5			9		
			3			4	5	6
4	7	2	6					8
	3			5		2		1
9	1		8	2			3	4

Puzzle #100

EASY

7								
9	8	1				5	6	
3	4				6	9	1	
5			9	4			8	
6	1	3	2		8	4	9	
		4			5	1		
		8		2			4	6
	9		5				3	
				3	2	5	9	

Puzzle # 1

1	8	6	5	7	9	3	2	4
7	4	2	3	1	8	6	9	5
3	9	5	4	6	2	8	1	7
9	5	4	1	2	3	7	8	6
2	6	1	8	5	7	9	4	3
8	7	3	6	9	4	2	5	1
6	3	9	2	4	1	5	7	8
5	1	7	9	8	6	4	3	2
4	2	8	7	3	5	1	6	9

Puzzle # 2

2	8	3	4	5	6	9	1	7
6	7	1	9	2	3	4	5	8
5	9	4	7	8	1	3	6	2
4	6	8	2	1	9	7	3	5
1	5	7	3	6	8	2	9	4
9	3	2	5	4	7	6	8	1
7	1	5	6	9	2	8	4	3
8	2	9	1	3	4	5	7	6
3	4	6	8	7	5	1	2	9

Puzzle # 3

4	2	3	9	6	1	8	5	7
6	5	7	3	4	8	1	9	2
1	9	8	2	7	5	6	3	4
5	4	9	1	8	2	3	7	6
3	6	2	4	9	7	5	1	8
7	8	1	5	3	6	2	4	9
8	1	4	7	2	3	9	6	5
9	3	6	8	5	4	7	2	1
2	7	5	6	1	9	4	8	3

Puzzle # 4

6	5	7	9	4	1	3	8	2
1	8	4	3	5	2	7	6	9
3	9	2	8	7	6	4	1	5
5	2	6	7	9	4	8	3	1
7	1	3	2	6	8	5	9	4
8	4	9	1	3	5	2	7	6
9	6	8	5	2	7	1	4	3
4	7	5	6	1	3	9	2	8
2	3	1	4	8	9	6	5	7

Puzzle # 5

4	9	6	2	8	1	7	3	5
5	7	1	6	4	3	9	2	8
8	2	3	5	7	9	1	6	4
9	8	5	4	3	6	2	7	1
2	1	7	9	5	8	3	4	6
3	6	4	1	2	7	8	5	9
7	5	9	3	1	4	6	8	2
6	4	8	7	9	2	5	1	3
1	3	2	8	6	5	4	9	7

Puzzle # 6

4	9	7	1	2	8	6	3	5
3	6	1	4	7	5	8	9	2
5	8	2	3	9	6	7	1	4
6	1	9	5	4	3	2	8	7
2	4	3	8	6	7	1	5	9
7	5	8	2	1	9	3	4	6
1	2	6	9	8	4	5	7	3
8	3	4	7	5	2	9	6	1
9	7	5	6	3	1	4	2	8

Puzzle # 7

1	5	2	9	8	7	3	4	6
6	9	4	2	5	3	1	8	7
8	3	7	1	6	4	2	9	5
9	2	8	6	4	5	7	1	3
5	7	6	3	1	9	4	2	8
3	4	1	7	2	8	5	6	9
4	8	3	5	9	2	6	7	1
2	6	5	8	7	1	9	3	4
7	1	9	4	3	6	8	5	2

Puzzle # 8

9	2	5	3	1	4	7	8	6
6	7	3	2	8	9	4	1	5
8	1	4	7	5	6	3	2	9
3	6	9	4	2	8	5	7	1
5	4	7	1	9	3	2	6	8
2	8	1	6	7	5	9	4	3
1	9	8	5	4	7	6	3	2
4	3	2	9	6	1	8	5	7
7	5	6	8	3	2	1	9	4

Puzzle # 9

6	4	7	1	8	3	9	5	2
8	2	3	5	4	9	6	7	1
1	9	5	6	2	7	8	4	3
2	7	4	9	1	5	3	6	8
9	6	8	3	7	4	2	1	5
3	5	1	2	6	8	7	9	4
5	8	9	4	3	6	1	2	7
7	1	6	8	5	2	4	3	9
4	3	2	7	9	1	5	8	6

Puzzle # 10

9	5	4	7	2	8	6	1	3
7	3	6	1	5	4	2	9	8
8	1	2	3	6	9	7	5	4
5	6	3	8	9	7	1	4	2
4	8	7	2	3	1	9	6	5
2	9	1	6	4	5	3	8	7
6	4	8	9	7	3	5	2	1
3	2	5	4	1	6	8	7	9
1	7	9	5	8	2	4	3	6

Puzzle # 11

3	1	2	8	6	7	4	5	9
6	9	5	4	3	2	8	7	1
4	7	8	9	5	1	2	6	3
7	5	9	6	2	4	3	1	8
1	2	6	3	7	8	5	9	4
8	4	3	5	1	9	7	2	6
9	8	1	7	4	5	6	3	2
2	6	7	1	8	3	9	4	5
5	3	4	2	9	6	1	8	7

Puzzle # 12

5	4	1	2	7	8	3	6	9
7	2	6	9	1	3	8	4	5
8	9	3	4	6	5	7	2	1
6	1	7	3	9	2	5	8	4
9	3	8	5	4	7	6	1	2
4	5	2	6	8	1	9	7	3
1	6	5	7	2	9	4	3	8
2	7	9	8	3	4	1	5	6
3	8	4	1	5	6	2	9	7

Puzzle # 13

3	8	9	7	5	2	6	1	4
5	4	2	9	1	6	8	3	7
1	7	6	8	4	3	9	5	2
8	2	7	3	9	1	4	6	5
9	6	1	4	8	5	2	7	3
4	3	5	6	2	7	1	9	8
7	5	8	2	6	9	3	4	1
6	1	4	5	3	8	7	2	9
2	9	3	1	7	4	5	8	6

Puzzle # 14

3	6	9	4	5	1	2	8	7
1	7	8	9	6	2	3	4	5
2	4	5	8	7	3	9	1	6
7	9	2	1	3	6	8	5	4
4	3	6	5	8	7	1	9	2
8	5	1	2	9	4	6	7	3
5	1	3	6	4	8	7	2	9
9	2	7	3	1	5	4	6	8
6	8	4	7	2	9	5	3	1

Puzzle # 15

1	2	4	7	5	3	8	9	6
9	7	8	4	1	6	2	5	3
5	3	6	8	2	9	1	4	7
7	4	2	6	3	8	5	1	9
3	9	5	1	4	7	6	2	8
6	8	1	5	9	2	3	7	4
8	5	9	2	6	4	7	3	1
4	1	7	3	8	5	9	6	2
2	6	3	9	7	1	4	8	5

Puzzle # 16

4	1	2	3	5	6	8	9	7
7	9	8	4	2	1	6	5	3
3	5	6	9	7	8	2	4	1
2	8	3	1	9	4	5	7	6
9	7	1	6	8	5	3	2	4
6	4	5	2	3	7	1	8	9
8	6	4	7	1	2	9	3	5
1	2	9	5	4	3	7	6	8
5	3	7	8	6	9	4	1	2

Puzzle # 17

1	3	6	9	8	2	4	7	5
7	5	8	6	1	4	9	3	2
4	2	9	3	5	7	6	1	8
6	7	2	4	9	3	8	5	1
3	8	1	2	6	5	7	4	9
9	4	5	1	7	8	2	6	3
8	1	3	7	2	6	5	9	4
2	9	7	5	4	1	3	8	6
5	6	4	8	3	9	1	2	7

Puzzle # 18

8	9	3	5	1	7	6	4	2
4	2	6	3	9	8	7	5	1
1	5	7	6	4	2	3	9	8
3	6	2	7	8	4	9	1	5
5	1	4	2	3	9	8	6	7
9	7	8	1	5	6	4	2	3
7	3	1	9	6	5	2	8	4
2	8	9	4	7	1	5	3	6
6	4	5	8	2	3	1	7	9

Puzzle # 19

2	9	5	8	7	6	3	4	1
8	3	7	1	5	4	6	9	2
6	4	1	9	3	2	5	7	8
1	8	6	2	9	7	4	5	3
5	2	4	6	1	3	7	8	9
3	7	9	5	4	8	2	1	6
9	6	3	7	8	5	1	2	4
7	1	2	4	6	9	8	3	5
4	5	8	3	2	1	9	6	7

Puzzle # 20

7	2	5	4	3	1	8	9	6
6	9	1	7	2	8	4	5	3
8	3	4	5	9	6	2	1	7
2	8	9	1	7	5	3	6	4
3	5	7	9	6	4	1	2	8
1	4	6	3	8	2	9	7	5
5	7	3	8	1	9	6	4	2
9	6	8	2	4	7	5	3	1
4	1	2	6	5	3	7	8	9

Puzzle # 21

1	6	2	9	7	8	3	5	4
4	8	3	2	6	5	1	7	9
7	9	5	3	1	4	6	2	8
9	3	1	6	5	2	8	4	7
6	5	4	8	9	7	2	3	1
8	2	7	4	3	1	9	6	5
5	1	6	7	8	3	4	9	2
2	7	9	1	4	6	5	8	3
3	4	8	5	2	9	7	1	6

Puzzle # 22

2	7	9	6	5	8	3	1	4
6	4	5	3	9	1	8	7	2
3	1	8	2	7	4	5	6	9
1	8	2	5	3	7	4	9	6
4	9	7	8	1	6	2	3	5
5	3	6	4	2	9	7	8	1
8	6	3	1	4	2	9	5	7
7	2	1	9	8	5	6	4	3
9	5	4	7	6	3	1	2	8

Puzzle # 23

1	3	4	9	5	6	7	2	8
6	5	9	8	7	2	3	1	4
7	8	2	4	3	1	6	9	5
3	6	5	2	4	9	8	7	1
2	4	1	7	8	5	9	3	6
8	9	7	6	1	3	5	4	2
9	7	8	1	6	4	2	5	3
5	1	6	3	2	7	4	8	9
4	2	3	5	9	8	1	6	7

Puzzle # 24

1	8	2	9	3	4	5	6	7
4	7	3	6	1	5	2	8	9
9	5	6	8	2	7	3	4	1
8	2	5	7	6	1	9	3	4
3	4	7	2	5	9	8	1	6
6	9	1	4	8	3	7	5	2
5	6	9	3	4	2	1	7	8
2	1	8	5	7	6	4	9	3
7	3	4	1	9	8	6	2	5

Puzzle # 25

2	9	7	1	6	4	5	8	3
1	5	3	7	9	8	2	4	6
4	6	8	5	3	2	1	9	7
3	4	9	6	1	7	8	2	5
6	2	1	8	4	5	3	7	9
7	8	5	9	2	3	4	6	1
8	7	2	3	5	9	6	1	4
9	3	6	4	8	1	7	5	2
5	1	4	2	7	6	9	3	8

Puzzle # 26

3	8	6	1	4	5	2	7	9
5	2	1	9	7	8	4	3	6
4	7	9	2	3	6	5	1	8
9	1	7	3	5	4	6	8	2
6	4	8	7	2	9	3	5	1
2	5	3	6	8	1	7	9	4
1	9	4	5	6	3	8	2	7
8	3	2	4	9	7	1	6	5
7	6	5	8	1	2	9	4	3

Puzzle # 27

9	4	2	3	8	7	5	6	1
8	7	5	1	2	6	9	4	3
3	6	1	5	9	4	8	2	7
6	1	8	4	5	9	3	7	2
4	2	7	8	3	1	6	5	9
5	3	9	6	7	2	4	1	8
7	9	3	2	6	5	1	8	4
2	5	4	9	1	8	7	3	6
1	8	6	7	4	3	2	9	5

Puzzle # 28

4	8	2	9	5	3	6	7	1
5	3	1	4	7	6	9	8	2
7	9	6	8	2	1	5	3	4
6	5	9	3	4	2	7	1	8
1	4	3	7	8	9	2	5	6
8	2	7	1	6	5	3	4	9
9	7	4	2	3	8	1	6	5
2	6	8	5	1	7	4	9	3
3	1	5	6	9	4	8	2	7

Puzzle # 29

7	1	8	5	6	9	2	4	3
9	4	2	7	3	1	8	6	5
5	3	6	2	4	8	7	1	9
2	5	3	8	1	4	9	7	6
1	9	7	6	2	3	4	5	8
6	8	4	9	5	7	1	3	2
3	6	9	1	7	2	5	8	4
4	2	1	3	8	5	6	9	7
8	7	5	4	9	6	3	2	1

Puzzle # 30

3	2	5	8	4	6	9	1	7
4	8	9	5	1	7	3	2	6
7	6	1	2	3	9	4	8	5
8	1	2	6	9	3	5	7	4
5	7	6	4	8	1	2	3	9
9	3	4	7	2	5	8	6	1
6	4	3	9	7	8	1	5	2
2	5	8	1	6	4	7	9	3
1	9	7	3	5	2	6	4	8

Puzzle # 31

5	2	4	1	7	8	3	9	6
7	6	1	2	3	9	5	4	8
3	8	9	6	4	5	1	7	2
2	5	6	3	8	4	7	1	9
4	9	3	7	6	1	2	8	5
8	1	7	5	9	2	6	3	4
6	4	2	9	1	3	8	5	7
9	3	5	8	2	7	4	6	1
1	7	8	4	5	6	9	2	3

Puzzle # 32

6	5	8	9	3	1	4	7	2
1	2	7	8	5	4	3	6	9
3	4	9	7	2	6	5	1	8
2	6	1	5	4	8	7	9	3
7	8	5	3	6	9	2	4	1
9	3	4	2	1	7	6	8	5
5	9	6	1	7	2	8	3	4
8	7	3	4	9	5	1	2	6
4	1	2	6	8	3	9	5	7

Puzzle # 33

7	6	4	9	5	2	1	8	3
8	5	9	1	6	3	4	2	7
2	3	1	8	7	4	9	5	6
9	8	2	6	1	7	3	4	5
1	7	3	5	4	8	6	9	2
6	4	5	3	2	9	8	7	1
5	1	8	2	9	6	7	3	4
3	2	7	4	8	1	5	6	9
4	9	6	7	3	5	2	1	8

Puzzle # 34

6	5	2	8	4	7	1	9	3
7	4	8	9	1	3	2	5	6
3	9	1	6	5	2	8	4	7
4	2	7	5	6	9	3	8	1
5	8	6	3	2	1	4	7	9
9	1	3	7	8	4	6	2	5
1	7	4	2	9	6	5	3	8
2	3	5	1	7	8	9	6	4
8	6	9	4	3	5	7	1	2

Puzzle # 35

2	1	5	6	7	8	9	4	3
7	4	9	3	5	2	8	1	6
6	8	3	1	4	9	5	2	7
1	5	2	8	3	4	6	7	9
8	6	4	9	1	7	3	5	2
3	9	7	5	2	6	1	8	4
4	3	1	2	9	5	7	6	8
5	7	8	4	6	3	2	9	1
9	2	6	7	8	1	4	3	5

Puzzle # 36

9	4	8	1	7	6	5	3	2
1	2	5	9	3	4	8	7	6
6	7	3	5	8	2	4	1	9
2	8	1	3	5	7	9	6	4
4	9	7	6	2	1	3	8	5
3	5	6	4	9	8	7	2	1
7	3	4	2	6	9	1	5	8
5	1	2	8	4	3	6	9	7
8	6	9	7	1	5	2	4	3

Puzzle # 37

2	9	5	7	6	4	8	1	3
8	7	6	2	1	3	5	9	4
3	4	1	5	9	8	6	2	7
1	5	7	3	4	6	2	8	9
9	2	3	8	7	1	4	5	6
6	8	4	9	5	2	3	7	1
4	6	8	1	2	7	9	3	5
7	3	9	6	8	5	1	4	2
5	1	2	4	3	9	7	6	8

Puzzle # 38

4	5	6	2	1	9	8	3	7
1	2	7	8	3	5	6	4	9
8	3	9	7	4	6	1	2	5
9	8	4	6	5	7	2	1	3
7	6	3	1	2	4	5	9	8
5	1	2	9	8	3	7	6	4
6	9	5	3	7	1	4	8	2
3	4	8	5	6	2	9	7	1
2	7	1	4	9	8	3	5	6

Puzzle # 39

8	6	5	9	3	7	2	1	4
3	7	1	8	2	4	5	9	6
2	4	9	6	5	1	3	7	8
4	1	3	5	6	9	7	8	2
5	8	6	4	7	2	9	3	1
9	2	7	1	8	3	4	6	5
6	3	8	2	9	5	1	4	7
7	5	4	3	1	6	8	2	9
1	9	2	7	4	8	6	5	3

Puzzle # 40

1	3	2	9	7	6	8	5	4
5	9	4	3	1	8	7	2	6
8	6	7	4	5	2	3	1	9
6	8	3	5	4	1	2	9	7
2	4	1	6	9	7	5	8	3
9	7	5	2	8	3	6	4	1
4	5	6	8	3	9	1	7	2
7	2	9	1	6	5	4	3	8
3	1	8	7	2	4	9	6	5

Puzzle # 41

6	3	9	1	8	7	4	2	5
2	8	1	3	5	4	6	9	7
7	5	4	2	9	6	1	8	3
3	2	5	4	6	1	9	7	8
1	6	7	8	2	9	5	3	4
9	4	8	7	3	5	2	6	1
4	1	2	6	7	8	3	5	9
5	7	3	9	1	2	8	4	6
8	9	6	5	4	3	7	1	2

Puzzle # 42

4	2	9	7	5	1	8	6	3
5	1	6	3	9	8	2	7	4
7	3	8	2	4	6	1	5	9
1	7	3	9	6	2	5	4	8
2	6	5	4	8	3	7	9	1
8	9	4	5	1	7	6	3	2
9	5	2	8	7	4	3	1	6
3	4	1	6	2	5	9	8	7
6	8	7	1	3	9	4	2	5

Puzzle # 43

1	7	3	5	2	9	6	8	4
5	4	9	6	3	8	7	2	1
6	2	8	7	4	1	5	9	3
8	9	5	4	6	3	1	7	2
7	3	6	8	1	2	9	4	5
4	1	2	9	7	5	3	6	8
2	8	1	3	9	7	4	5	6
9	5	4	1	8	6	2	3	7
3	6	7	2	5	4	8	1	9

Puzzle # 44

7	5	3	4	9	8	1	6	2
8	9	1	5	6	2	4	3	7
2	6	4	7	3	1	9	5	8
4	8	7	3	2	6	5	9	1
1	2	6	8	5	9	3	7	4
5	3	9	1	4	7	8	2	6
3	7	8	6	1	5	2	4	9
6	4	2	9	8	3	7	1	5
9	1	5	2	7	4	6	8	3

Puzzle # 45

4	3	1	2	9	6	7	8	5
5	9	6	4	8	7	1	3	2
8	7	2	5	1	3	4	6	9
3	6	8	1	2	9	5	7	4
9	4	5	7	3	8	6	2	1
1	2	7	6	5	4	3	9	8
7	5	9	8	6	1	2	4	3
6	1	3	9	4	2	8	5	7
2	8	4	3	7	5	9	1	6

Puzzle # 46

6	9	7	4	3	5	2	8	1
3	4	1	2	8	6	7	9	5
8	2	5	7	1	9	3	4	6
2	6	4	5	9	8	1	7	3
5	7	3	1	4	2	8	6	9
1	8	9	3	6	7	4	5	2
4	5	2	6	7	1	9	3	8
9	3	6	8	2	4	5	1	7
7	1	8	9	5	3	6	2	4

Puzzle # 47

2	7	3	6	9	1	4	8	5
9	4	1	5	2	8	3	6	7
8	5	6	4	3	7	9	1	2
7	9	8	1	4	6	2	5	3
6	2	4	8	5	3	1	7	9
3	1	5	9	7	2	6	4	8
1	6	7	3	8	9	5	2	4
5	8	9	2	1	4	7	3	6
4	3	2	7	6	5	8	9	1

Puzzle # 48

3	2	8	1	5	4	6	7	9
9	1	4	3	7	6	5	2	8
7	6	5	8	9	2	3	1	4
2	7	6	4	3	1	8	9	5
5	9	3	2	8	7	4	6	1
4	8	1	9	6	5	7	3	2
6	3	9	5	1	8	2	4	7
1	5	2	7	4	3	9	8	6
8	4	7	6	2	9	1	5	3

Puzzle # 49

7	9	6	3	2	4	1	5	8
2	3	1	5	8	6	7	4	9
5	4	8	9	1	7	6	2	3
1	8	9	7	5	3	2	6	4
3	2	5	6	4	8	9	7	1
6	7	4	1	9	2	8	3	5
8	5	7	2	3	9	4	1	6
4	1	2	8	6	5	3	9	7
9	6	3	4	7	1	5	8	2

Puzzle # 50

9	8	6	4	7	1	3	2	5
3	4	7	5	8	2	9	6	1
5	2	1	3	9	6	8	7	4
1	3	8	6	2	7	5	4	9
4	7	2	9	5	8	6	1	3
6	9	5	1	3	4	2	8	7
7	6	9	2	4	3	1	5	8
2	5	4	8	1	9	7	3	6
8	1	3	7	6	5	4	9	2

Puzzle # 51

8	9	2	6	5	1	7	3	4
4	3	6	2	9	7	8	1	5
1	7	5	4	8	3	9	6	2
9	1	8	7	6	2	4	5	3
2	6	3	8	4	5	1	9	7
7	5	4	1	3	9	6	2	8
5	2	1	9	7	4	3	8	6
6	4	9	3	2	8	5	7	1
3	8	7	5	1	6	2	4	9

Puzzle # 52

5	7	2	9	4	6	8	3	1
3	1	8	5	2	7	6	9	4
6	4	9	3	1	8	5	2	7
7	8	4	2	9	5	1	6	3
9	5	3	8	6	1	7	4	2
1	2	6	4	7	3	9	5	8
2	6	7	1	3	9	4	8	5
4	9	5	7	8	2	3	1	6
8	3	1	6	5	4	2	7	9

Puzzle # 53

2	4	3	7	6	8	1	9	5
9	8	6	1	5	4	3	2	7
7	1	5	2	9	3	4	6	8
8	2	1	9	3	6	7	5	4
5	6	7	4	8	1	9	3	2
3	9	4	5	7	2	6	8	1
6	5	2	3	1	7	8	4	9
4	7	8	6	2	9	5	1	3
1	3	9	8	4	5	2	7	6

Puzzle # 54

7	3	5	2	6	1	4	8	9
8	1	4	5	7	9	3	2	6
2	6	9	3	8	4	5	1	7
5	8	3	4	9	6	2	7	1
9	4	1	7	3	2	8	6	5
6	7	2	8	1	5	9	3	4
3	5	7	1	4	8	6	9	2
1	2	6	9	5	3	7	4	8
4	9	8	6	2	7	1	5	3

Puzzle # 55

8	4	7	6	2	9	3	5	1
3	9	2	1	8	5	7	4	6
6	5	1	3	7	4	9	2	8
4	1	3	7	9	6	5	8	2
9	6	8	2	5	3	1	7	4
7	2	5	4	1	8	6	9	3
5	3	9	8	4	1	2	6	7
2	8	6	5	3	7	4	1	9
1	7	4	9	6	2	8	3	5

Puzzle # 56

1	8	7	5	3	2	4	6	9
4	6	3	9	8	7	2	5	1
2	9	5	4	6	1	7	8	3
5	3	1	7	9	4	6	2	8
6	7	8	2	1	3	9	4	5
9	2	4	8	5	6	1	3	7
8	4	2	3	7	9	5	1	6
7	5	6	1	2	8	3	9	4
3	1	9	6	4	5	8	7	2

Puzzle # 57

6	4	2	5	3	9	7	1	8
1	3	7	6	4	8	2	5	9
9	8	5	7	2	1	6	3	4
2	5	6	9	1	3	4	8	7
3	9	4	2	8	7	1	6	5
8	7	1	4	6	5	9	2	3
7	1	8	3	9	6	5	4	2
4	6	9	8	5	2	3	7	1
5	2	3	1	7	4	8	9	6

Puzzle # 58

3	1	4	7	5	2	6	9	8
8	2	6	1	4	9	3	5	7
7	9	5	3	6	8	2	4	1
9	6	1	8	7	4	5	2	3
5	8	7	6	2	3	9	1	4
4	3	2	9	1	5	7	8	6
1	5	3	4	9	6	8	7	2
2	7	8	5	3	1	4	6	9
6	4	9	2	8	7	1	3	5

Puzzle # 59

2	4	1	5	9	3	8	7	6
8	6	5	4	7	1	3	2	9
3	9	7	2	8	6	1	5	4
7	8	4	6	3	5	2	9	1
9	1	3	7	2	4	5	6	8
5	2	6	9	1	8	7	4	3
4	3	2	8	6	7	9	1	5
1	5	9	3	4	2	6	8	7
6	7	8	1	5	9	4	3	2

Puzzle # 60

2	4	3	6	9	5	8	1	7
5	9	1	7	3	8	2	6	4
7	8	6	1	2	4	9	3	5
6	1	9	5	4	3	7	2	8
3	2	5	9	8	7	1	4	6
4	7	8	2	6	1	3	5	9
1	3	4	8	5	9	6	7	2
9	6	7	4	1	2	5	8	3
8	5	2	3	7	6	4	9	1

Puzzle # 61

5	1	2	3	7	8	4	6	9
8	7	6	9	4	2	1	5	3
3	4	9	6	5	1	8	2	7
7	9	8	2	3	6	5	1	4
2	3	5	4	1	7	9	8	6
1	6	4	8	9	5	3	7	2
9	8	7	5	6	3	2	4	1
6	5	3	1	2	4	7	9	8
4	2	1	7	8	9	6	3	5

Puzzle # 62

8	5	1	7	6	2	9	3	4
6	9	3	8	4	1	2	5	7
7	2	4	9	3	5	1	8	6
4	1	9	5	7	8	3	6	2
2	8	7	6	1	3	5	4	9
5	3	6	2	9	4	8	7	1
3	4	2	1	8	7	6	9	5
9	7	5	3	2	6	4	1	8
1	6	8	4	5	9	7	2	3

Puzzle # 63

4	5	7	3	9	6	2	1	8
2	8	6	5	7	1	3	4	9
1	9	3	4	8	2	6	7	5
3	1	9	8	4	7	5	6	2
8	6	5	2	1	3	4	9	7
7	4	2	9	6	5	8	3	1
9	2	1	6	5	4	7	8	3
5	7	4	1	3	8	9	2	6
6	3	8	7	2	9	1	5	4

Puzzle # 64

3	4	9	7	6	8	5	1	2
2	5	7	3	4	1	6	9	8
8	1	6	5	9	2	7	3	4
5	6	3	1	2	4	9	8	7
9	7	8	6	5	3	4	2	1
1	2	4	8	7	9	3	5	6
6	9	2	4	1	5	8	7	3
7	8	1	9	3	6	2	4	5
4	3	5	2	8	7	1	6	9

Puzzle # 65

5	2	1	9	4	3	7	6	8
8	7	6	5	2	1	3	4	9
3	4	9	6	8	7	1	5	2
2	6	7	3	5	9	8	1	4
4	1	3	2	7	8	5	9	6
9	5	8	1	6	4	2	3	7
7	9	4	8	3	5	6	2	1
1	3	2	7	9	6	4	8	5
6	8	5	4	1	2	9	7	3

Puzzle # 66

9	5	7	3	8	1	2	6	4
8	4	3	9	2	6	7	5	1
6	1	2	4	7	5	9	3	8
5	7	9	8	6	4	3	1	2
2	6	1	7	9	3	4	8	5
3	8	4	1	5	2	6	7	9
7	3	5	2	4	8	1	9	6
1	2	6	5	3	9	8	4	7
4	9	8	6	1	7	5	2	3

Puzzle # 67

7	2	1	3	6	9	4	8	5
3	5	8	1	2	4	7	9	6
4	6	9	8	7	5	3	1	2
8	4	3	7	5	1	6	2	9
5	1	6	9	4	2	8	3	7
2	9	7	6	8	3	1	5	4
1	8	5	4	9	6	2	7	3
9	3	4	2	1	7	5	6	8
6	7	2	5	3	8	9	4	1

Puzzle # 68

5	7	1	9	6	2	4	8	3
6	8	9	3	4	1	5	2	7
2	4	3	7	5	8	9	6	1
7	2	8	4	9	6	1	3	5
1	6	5	2	7	3	8	4	9
9	3	4	8	1	5	2	7	6
8	5	2	6	3	9	7	1	4
3	1	7	5	8	4	6	9	2
4	9	6	1	2	7	3	5	8

Puzzle # 69

7	3	6	8	9	2	5	4	1
4	1	8	5	7	3	2	9	6
2	5	9	6	1	4	7	8	3
6	7	1	4	5	8	3	2	9
5	8	2	9	3	1	6	7	4
3	9	4	2	6	7	8	1	5
9	2	3	7	4	5	1	6	8
1	4	7	3	8	6	9	5	2
8	6	5	1	2	9	4	3	7

Puzzle # 70

4	5	9	2	1	8	7	6	3
2	8	7	3	6	9	5	1	4
1	6	3	4	5	7	9	8	2
9	2	5	8	3	6	1	4	7
7	1	8	9	4	5	2	3	6
6	3	4	7	2	1	8	5	9
8	4	2	1	9	3	6	7	5
5	9	1	6	7	4	3	2	8
3	7	6	5	8	2	4	9	1

Puzzle # 71

3	4	5	1	6	9	7	2	8
8	2	9	3	7	5	4	6	1
7	6	1	4	2	8	3	5	9
9	5	7	8	1	4	6	3	2
4	3	8	2	9	6	1	7	5
2	1	6	7	5	3	8	9	4
6	7	4	9	8	2	5	1	3
1	8	2	5	3	7	9	4	6
5	9	3	6	4	1	2	8	7

Puzzle # 72

8	7	2	1	3	6	9	5	4
1	9	3	5	7	4	8	6	2
5	4	6	9	2	8	7	3	1
7	6	1	2	5	3	4	8	9
4	2	9	8	6	7	5	1	3
3	5	8	4	1	9	6	2	7
2	8	7	6	4	1	3	9	5
6	1	4	3	9	5	2	7	8
9	3	5	7	8	2	1	4	6

Puzzle # 73

3	9	8	4	7	5	1	6	2
2	7	1	6	8	9	3	5	4
6	5	4	2	1	3	7	9	8
1	3	7	9	2	8	5	4	6
4	2	5	1	3	6	8	7	9
8	6	9	7	5	4	2	1	3
5	4	2	3	6	7	9	8	1
7	1	6	8	9	2	4	3	5
9	8	3	5	4	1	6	2	7

Puzzle # 74

7	3	6	1	4	2	8	9	5
8	5	4	7	3	9	1	2	6
1	9	2	5	8	6	7	3	4
9	2	3	6	5	8	4	7	1
4	8	5	2	7	1	9	6	3
6	7	1	4	9	3	5	8	2
3	4	8	9	6	5	2	1	7
5	1	9	3	2	7	6	4	8
2	6	7	8	1	4	3	5	9

Puzzle # 75

9	7	5	1	3	2	8	6	4
3	8	2	6	4	5	1	7	9
4	6	1	8	9	7	5	2	3
8	3	9	2	5	1	6	4	7
5	4	6	9	7	3	2	1	8
2	1	7	4	8	6	3	9	5
1	9	8	3	2	4	7	5	6
6	5	4	7	1	8	9	3	2
7	2	3	5	6	9	4	8	1

Puzzle # 76

2	9	7	4	6	5	3	8	1
4	3	1	7	9	8	2	6	5
8	6	5	3	2	1	7	9	4
9	4	2	5	7	6	8	1	3
1	8	3	2	4	9	5	7	6
7	5	6	8	1	3	4	2	9
6	2	4	9	3	7	1	5	8
5	7	9	1	8	4	6	3	2
3	1	8	6	5	2	9	4	7

Puzzle # 77

9	8	2	5	6	3	1	4	7
5	7	1	8	4	2	9	3	6
3	6	4	1	9	7	8	5	2
8	9	3	6	5	4	2	7	1
2	1	5	3	7	9	4	6	8
6	4	7	2	8	1	5	9	3
4	2	8	9	3	6	7	1	5
7	5	6	4	1	8	3	2	9
1	3	9	7	2	5	6	8	4

Puzzle # 78

8	1	7	3	2	5	9	6	4
3	9	5	1	6	4	8	7	2
4	6	2	8	9	7	5	1	3
9	8	4	7	3	2	6	5	1
7	5	1	6	4	9	2	3	8
2	3	6	5	1	8	4	9	7
6	7	9	4	8	3	1	2	5
5	2	8	9	7	1	3	4	6
1	4	3	2	5	6	7	8	9

Puzzle # 79

8	1	3	6	5	2	4	7	9
4	5	2	3	7	9	1	8	6
9	7	6	1	8	4	2	5	3
3	4	9	5	6	7	8	1	2
5	6	7	8	2	1	3	9	4
1	2	8	4	9	3	5	6	7
7	8	4	9	3	5	6	2	1
6	9	1	2	4	8	7	3	5
2	3	5	7	1	6	9	4	8

Puzzle # 80

6	3	4	8	5	7	1	2	9
9	7	2	1	4	6	5	3	8
8	5	1	3	9	2	6	7	4
4	6	8	7	3	9	2	1	5
5	1	3	6	2	4	8	9	7
7	2	9	5	8	1	4	6	3
1	8	6	9	7	5	3	4	2
2	9	5	4	1	3	7	8	6
3	4	7	2	6	8	9	5	1

Puzzle # 81

3	2	9	7	4	1	8	5	6
4	7	8	3	6	5	2	9	1
6	1	5	2	8	9	4	3	7
9	8	4	6	7	2	5	1	3
1	5	2	9	3	4	7	6	8
7	6	3	5	1	8	9	2	4
2	4	7	1	9	6	3	8	5
8	9	6	4	5	3	1	7	2
5	3	1	8	2	7	6	4	9

Puzzle # 82

5	7	4	6	1	8	9	3	2
2	8	1	9	3	7	5	4	6
6	3	9	4	5	2	1	7	8
1	9	3	8	6	4	7	2	5
4	6	2	5	7	3	8	9	1
8	5	7	1	2	9	3	6	4
9	2	6	7	8	5	4	1	3
7	1	5	3	4	6	2	8	9
3	4	8	2	9	1	6	5	7

Puzzle # 83

2	7	8	4	9	5	3	6	1
9	1	3	2	7	6	8	4	5
4	6	5	8	1	3	2	7	9
5	4	2	7	8	1	6	9	3
1	9	6	5	3	2	4	8	7
3	8	7	6	4	9	5	1	2
6	3	1	9	5	4	7	2	8
8	2	9	3	6	7	1	5	4
7	5	4	1	2	8	9	3	6

Puzzle # 84

9	5	7	8	1	2	3	4	6
2	3	6	4	7	5	1	9	8
4	1	8	6	3	9	2	5	7
1	4	3	7	2	6	9	8	5
7	8	9	5	4	1	6	2	3
6	2	5	3	9	8	4	7	1
3	6	4	9	5	7	8	1	2
5	9	2	1	8	3	7	6	4
8	7	1	2	6	4	5	3	9

Puzzle # 85

3	9	7	5	2	8	6	4	1
8	2	1	7	4	6	3	9	5
6	5	4	1	3	9	7	2	8
2	1	6	3	5	4	9	8	7
9	3	5	8	7	1	4	6	2
4	7	8	6	9	2	1	5	3
1	4	2	9	8	3	5	7	6
7	8	3	4	6	5	2	1	9
5	6	9	2	1	7	8	3	4

Puzzle # 86

8	1	7	5	4	3	2	9	6
5	2	9	7	8	6	3	4	1
3	4	6	1	2	9	8	5	7
6	7	4	3	5	8	1	2	9
1	9	3	4	6	2	5	7	8
2	8	5	9	1	7	6	3	4
4	3	8	6	9	5	7	1	2
7	6	1	2	3	4	9	8	5
9	5	2	8	7	1	4	6	3

Puzzle # 87

6	3	8	2	1	4	9	7	5
5	7	4	3	9	8	1	2	6
1	2	9	5	7	6	8	4	3
3	6	7	9	8	5	2	1	4
2	8	1	4	6	3	5	9	7
4	9	5	7	2	1	6	3	8
9	4	6	8	3	2	7	5	1
8	5	2	1	4	7	3	6	9
7	1	3	6	5	9	4	8	2

Puzzle # 88

3	9	2	6	5	4	1	7	8
1	8	7	2	9	3	6	4	5
6	5	4	1	8	7	9	3	2
5	7	8	4	1	6	2	9	3
2	1	6	9	3	8	4	5	7
9	4	3	7	2	5	8	1	6
8	6	5	3	4	9	7	2	1
4	3	1	8	7	2	5	6	9
7	2	9	5	6	1	3	8	4

Puzzle # 89

1	8	6	9	3	4	7	2	5
7	4	9	5	1	2	8	3	6
5	3	2	6	8	7	9	1	4
3	6	4	7	5	9	1	8	2
8	7	5	2	4	1	3	6	9
9	2	1	3	6	8	5	4	7
4	9	8	1	2	5	6	7	3
2	5	3	8	7	6	4	9	1
6	1	7	4	9	3	2	5	8

Puzzle # 90

9	1	5	2	8	6	4	3	7
6	3	7	1	4	5	9	8	2
2	4	8	9	7	3	6	1	5
5	9	3	8	6	7	1	2	4
4	6	1	3	9	2	7	5	8
7	8	2	4	5	1	3	9	6
3	5	6	7	1	8	2	4	9
1	7	4	5	2	9	8	6	3
8	2	9	6	3	4	5	7	1

Puzzle # 91

6	7	3	8	4	9	5	2	1
4	5	2	1	3	6	9	8	7
1	9	8	5	2	7	3	4	6
7	3	1	2	5	4	6	9	8
5	6	4	9	8	1	2	7	3
8	2	9	6	7	3	1	5	4
9	1	5	4	6	8	7	3	2
2	8	7	3	1	5	4	6	9
3	4	6	7	9	2	8	1	5

Puzzle # 92

9	1	7	8	2	5	3	4	6
3	4	8	7	9	6	2	5	1
2	6	5	4	3	1	8	9	7
5	2	4	1	8	3	6	7	9
6	3	9	2	5	7	1	8	4
7	8	1	9	6	4	5	3	2
1	5	6	3	4	9	7	2	8
8	9	3	6	7	2	4	1	5
4	7	2	5	1	8	9	6	3

Puzzle # 93

3	2	1	8	5	6	7	9	4
6	7	5	9	3	4	1	8	2
9	8	4	1	2	7	3	6	5
5	3	9	7	8	1	2	4	6
2	1	6	4	9	3	5	7	8
7	4	8	5	6	2	9	1	3
1	5	7	2	4	8	6	3	9
4	9	3	6	7	5	8	2	1
8	6	2	3	1	9	4	5	7

Puzzle # 94

7	4	9	2	3	6	1	5	8
5	3	6	1	8	4	2	9	7
1	2	8	5	9	7	4	6	3
2	8	7	4	5	1	9	3	6
6	9	4	7	2	3	5	8	1
3	1	5	8	6	9	7	4	2
9	5	1	3	7	8	6	2	4
8	7	2	6	4	5	3	1	9
4	6	3	9	1	2	8	7	5

Puzzle # 95

4	1	5	6	3	7	8	2	9
3	8	7	2	9	1	5	6	4
9	6	2	5	8	4	1	7	3
2	5	9	7	1	6	3	4	8
8	7	1	9	4	3	2	5	6
6	4	3	8	5	2	9	1	7
1	9	6	4	2	8	7	3	5
7	2	8	3	6	5	4	9	1
5	3	4	1	7	9	6	8	2

Puzzle # 96

5	6	1	8	3	7	4	9	2
9	7	8	4	2	5	1	6	3
3	2	4	9	6	1	8	5	7
1	5	3	7	4	8	6	2	9
7	4	2	6	5	9	3	1	8
6	8	9	2	1	3	5	7	4
8	1	7	3	9	6	2	4	5
4	9	5	1	8	2	7	3	6
2	3	6	5	7	4	9	8	1

Puzzle # 97

2	9	7	6	1	5	4	3	8
1	3	5	2	4	8	7	9	6
6	4	8	7	9	3	5	1	2
4	1	6	3	8	7	2	5	9
9	8	2	5	6	1	3	4	7
5	7	3	4	2	9	6	8	1
8	5	4	1	7	6	9	2	3
7	2	9	8	3	4	1	6	5
3	6	1	9	5	2	8	7	4

Puzzle # 98

6	7	5	2	1	4	3	9	8
3	1	8	9	5	7	6	2	4
2	4	9	3	8	6	5	1	7
5	3	7	1	9	2	4	8	6
4	9	6	7	3	8	2	5	1
8	2	1	6	4	5	9	7	3
1	6	3	5	7	9	8	4	2
7	5	4	8	2	3	1	6	9
9	8	2	4	6	1	7	3	5

Puzzle # 99

1	2	3	4	8	5	7	6	9
8	6	7	2	9	3	1	4	5
5	4	9	7	1	6	3	8	2
3	5	6	1	4	9	8	2	7
7	8	4	5	6	2	9	1	3
2	9	1	3	7	8	4	5	6
4	7	2	6	3	1	5	9	8
6	3	8	9	5	4	2	7	1
9	1	5	8	2	7	6	3	4

Puzzle # 100

7	5	6	4	1	9	3	2	8
9	8	1	3	2	7	5	6	4
3	4	2	5	8	6	9	1	7
5	2	7	9	4	1	6	8	3
6	1	3	2	7	8	4	9	5
8	9	4	6	3	5	1	7	2
1	3	5	8	9	2	7	4	6
2	6	9	7	5	4	8	3	1
4	7	8	1	6	3	2	5	9

www.ingramcontent.com/pod-product-compliance
Lightning Source LLC
Chambersburg PA
CBHW080921170526
45158CB00008B/2194
* 9 7 8 1 0 9 8 8 6 7 0 7 2 *